Gerolf Steiner

Tierzeichnungen in Kürzeln

Gerolf Steiner

Tierzeichnungen in Kürzeln

2. Auflage

Gustav Fischer Verlag
Stuttgart · 1984

Anschrift des Verfassers
Professor Dr. Gerolf Steiner
Schwarzwaldhochstraße 10, 7560 Gaggenau-Freiolsheim

CIP-Kurztitelaufnahme der Deutschen Bibliothek

Steiner, Gerolf:
Tierzeichnungen in Kürzeln / Gerolf Steiner. –
2. Aufl. – Stuttgart : Fischer, 1984.
ISBN 3-437-20325-8

Wollgrasweg 49 · D 7000 Stuttgart 70 (Hohenheim)

Gesamtherstellung: Hieronymus Mühlberger, Augsburg
Printed in Germany

ISBN 3-437-20325-8

In Erinnerung an meine lieben Eltern,
die mich in glücklicher Kindheit und Jugend
schauen und zeichnen gelehrt haben

Inhalt

Zur Einführung

Die Tierbilder hier – hauptsächlich von Wirbeltieren und unter diesen wiederum Warmblütern – können auf mindestens dreierlei Weise betrachtet werden:

1. Zur Prüfung, ob sie zoologisch stimmen;
2. Als Kunstwerke;
3. Als Beispiele für Gestaltverständnis.

Zu Punkt zwei sei nichts gesagt.

Für Punkt eins dient das Verzeichnis der Namen. Sie wurden absichtlich nicht jeweils unter die Zeichnungen gesetzt. Einmal weil es so hübscher aussieht; dann aber auch, weil der Betrachter so ein vergnügliches Ratespiel betreiben kann, indem er zunächst die Zeichnungen ansieht und überlegt, was sie wohl darstellen mögen; erst hinterher schaut er nach, welches Tier der Zeichner gemeint hat. Damit kann er wiederum dreierlei erleben: Entweder er findet sich und die Zeichnungen in Ordnung, weil er sie erkennt; oder er ärgert sich über sich selber, weil er sie nicht richtig erkannt hat; oder er ärgert sich über die Zeichnungen, die er unvollkommen oder falsch findet.

Der Zoologe kann auch bemängeln, daß die Zeichnungen hier unsystematisch angeordnet sind, und daß die auf ein und demselben Blatt dargestellten Tiere in ganz unterschiedlichen Maßstäben wiedergegeben sind. Beides ist so. Zum ersten kann man aber auf Gemäldesammlungen hinweisen. Dort hängen im allgemeinen auch nicht im einen Saal die Landschaften, im nächsten die Bildnisse und im dritten die Stilleben beieinander; denn das wäre langweilig und ermü-

dend, auch wenn es für manche vergleichende Betrachtungen nützlich wäre. So ist gleich ein Geständnis am Platze: Die hier gebrachten Tierzeichnungen sind überhaupt nicht in erster Linie zoologisch gemeint. Sie sollen weder ein Lehrbuch ergänzen noch ein Curriculum mit Stoff versorgen. Sie sollen vor allem Vergnügen machen. Was schließlich die unterschiedlichen Maßstäbe anbetrifft, so kann man daraufhin nur sagen, daß diese stets beliebig sind. Sogar in einem systematischen Lehrbuch wird man den Elefanten nicht in Poster-Größe finden, die Elefantenlaus aber mit der Lupe betrachten müssen. Und wenn wir wieder den Vergleich mit der Gemäldesammlung wagen wollen, so ist es in deren Bildern ebenfalls so, daß sich die Größe der dargestellten Figuren ganz nach deren Wichtigkeit richtet oder der Bedeutung, die ihnen die Künstler beimessen.

Punkt drei soll aus mehreren Gründen ausführlicher behandelt werden; denn wenn dies Büchlein auch kein «echt» zoologisches ist, sondern eines, das Zoologen – und vielleicht auch noch andere Leute – erfreuen soll, so ist hiermit nicht gesagt, daß es völlig unwissenschaftlich wäre. Zum mindesten ist der Gegenstand der Betrachtung das nicht. Ob sich das, was im folgenden abgehandelt wird, über den Rang eines bloßen Geplauders erhebt, mögen zuständige Leser entscheiden, wenn sie sich ihre Gedanken hierüber gemacht haben.

Was bedeutet «Kürzel»?

Alle «Kürzel» haben eine lange Geschichte. Die Bezeichnung selber ist dem Sprachgebrauch der Stenographen entnommen. Hier bedeuten sie zusätzliche Kürzungen innerhalb der ohnehin schon aufs Kurze der Schriftzüge angelegten Stenographie. Sie betreffen beispielsweise häufige Verbindungswörter wie «und – weil – obwohl – oder» usw. Oder andere in manchen Texten besonders häufige Wörter wie «Frage – Ort – Zeit – Umsatz – politisch – wirtschaftlich – chemisch – Verbindung – Abschluß – Bilanz» und Ähnliches. Nicht erst die moderne Stenographie ist auf Kürzel verfallen. Schon seit langem benutzt man auch in Klarschrift Ausdrücke wie «Nr. – usw. – z. B. – NB – geb. – PS – PP», ohne daß jemand auf den Gedanken käme, etwa «z. B.» als «zum Bahnhof» oder «bzw.» als «bezwinglich» zu lesen. In der Chemie sind die gekürzten Elemente-Zeichen (H – O – Pb – C – He – Cl usw.) schon seit langem eingeführt, und neuerdings benutzt man Kürzel auch für wichtige organische Verbindungen wie ATP, DNS oder LSD.

Gemeinsam ist allen Kürzeln, daß sie nur einen Sinn wiedergeben können, den der Lesende schon kennt. Gemeinsam ist ihnen auch, daß ihre Anwendung sich nur lohnt, wenn sie ausreichend häufig angewandt werden; denn sie müssen ja zunächst erklärt werden. Ist der Erklärungsaufwand größer als der Nutzen der Kürzung, kommt man lieber ohne Kürzel aus. Ebensowenig nützen sie in Texten, die nebeneinander ganz verschiedene Gebiete berühren. Schon PP heißt dann Unterschiedliches, je nachdem, ob es in einer Musikpartitur, an einem Briefanfang oder in einer Logarithmentabelle eingesetzt ist. Und wenn man ATP – DDR – LSD – SPD – CP –

RNS – BRD – DOPA – VAR durcheinander zu lesen bekommt, ist das für die Klarheit des Textes kein Vorteil. Indessen ist solches meist nicht zu befürchten. Auch die ungekürzelte Sprache enthält viel Vieldeutigkeit, wenn man Wörter aus dem Zusammenhang reißt. So meint das Wort «Kern» für den Philosophen die Grundlage einer Sache, für die Hausfrau den Kirschen- oder Zwetschgenkern, für den Zoologen den Zellkern und für den Physiker den Atomkern. Niemand wird jedoch einem physikalischen Text entnehmen, das Sauerstoffatom habe einen Zwetschgenkern!

Daß schon das stenographische Kürzel ein sehr abgeleitetes Gebilde ist, wird klar, wenn man seine Hintergründe genauer ansieht. Da ergibt sich eine Kette von Abstraktionen: Stenographie – gewöhnliche Schrift; aber auch diese «gewöhnliche» Schrift war ursprünglich durchaus nichts Gewöhnliches, sondern innerhalb der Schrift überhaupt schon eine späte Erfindung: Die uns vertraute Buchstabenschrift, bei der die Wörter in Laute zerlegt sind, wurde erst

über 1500 Jahre nach Erfindung der frühen Schriften erfunden; und zunächst blieb es noch bei der Darstellung der Konsonanten – wie heute noch im Arabischen. Das Zerlegen der Sätze und Wörter in ihre Einzel-Laute war also gar nicht so naheliegend, wie uns das heute vorkommt.

Nun aber hat sich inzwischen ein gegenläufiger Vorgang abgespielt: In alten griechischen oder lateinischen Texten folgen sich die Buchstaben nicht nur ohne Punkt und

Komma,
SONDERNÜBERHAUPTOHNEABGRENZUNGDERWÖ
RTERGESCHWEIGEDERHAUPTUNDNEBENSÄTZEUN
DDERLESERHATDIEMÜHSAMEAUFGABEDIEEINZEL
NENWÖRTERSELBERHERAUSZUGLIEDERNUNDIHR
EZUORDNUNGZUDENGRAMMATIKALISCHZUSAM
MENGEHÖRIGENWORTGRUPPENZUFINDENDABEI
GESCHIEHTESLEICHTDASSMANFALSCHTRENNTOD
ERFALSCHZUSAMMENFÜGTDADURCHKANNDERSI
NNDESTEXTESGANZVERFÄLSCHTWERDEN.

Deshalb hat man schon seit langem herausgefunden, wie vorteilhaft es ist, nicht nur Wörter, sondern auch Satzabschnitte gegeneinander abzugrenzen. Betont wird das manchmal durch besondere Schreibart der Anfangsbuchstaben der Wörter. Bei der Schreibschrift verbindet man die Buchstaben eines Wortes. So ergibt sich das, was wir «Wortbild» nennen. Dies ist indessen etwas anderes als das primitive Sinnzeichen (Ideogramm), das ein Ding, beispielsweise «Haus» oder «Fuß» bedeutet und kein Lautbild ist. Es war deshalb ein Irrtum, als man meinte, man könne dies ursprünglich durch Zergliedern der gesprochenen Lautfolge und dann wiederum durch Zusammensetzen gewonnene «Wortbild» Lernenden vor den einzelnen Buchstaben lehren (Ganzwort-Methode des Lesenlernens). Daß der schon Lesekundige beim schnellen Lesen in einer ihm geläufigen Sprache sich nach Wortbildern richtet, ist nicht Anfang, sondern Enderfolg der Lesekunst.

Die für Schrift geschichtlich nachzuweisenden Entwicklungsschritte ähneln nun denen für das Zustandekommen der Zeichen-Kürzel erstaunlich stark.

Auch hier steht am Anfang ein «Ganzes» – in unseren Beispielen das gesehene Tier. So, wie der gesprochene Satz lautlich eine Gesamtgestalt hat, hat dies Tier eine gesehene Gestalt. Es gibt Hirnstörungen, bei denen die Fähigkeit lautliche oder gesehene Gestalten zu vernehmen, fehlt oder verloren gegangen ist.

Wir müssen annehmen, daß Wirbeltiere alle ein Gestaltsehen haben, sofern ihr Gesichtssinn nicht verkümmert ist. Zeichnen aber kann nur der Mensch. Hierfür ist mehr nötig als Gestaltsehen alleine.

Gestalt-Erkennen

Die Voraussetzung, daß wir uns in unserer Umgebung zurechtfinden und daß wir mit anderen Menschen in sinnvolle Beziehung treten, ist das Gestalt-Erkennen. Die «Dinge», die wir erleben, gliedern sich vor einem Hintergrund oder einer Umgebung ab, so daß wir sie als etwas Besonderes wahrnehmen können. Nicht nur die Sprache, sondern auch jede Melodie ist etwas Gestaltetes, das sich abhebt von Hintergrund-Geräuschen oder -Lauten. Sogar «sinnlose» Punktverteilungen – wie etwa die «Stern-Bilder» ordnen wir zu Gestalten zusammen; und wenn wir in der Badewanne sitzen und einen Terrazzo-Fußboden im Badezimmer haben, sehen wir die dort völlig zufällig hingewürfelten Gesteinssplitter da und dort zu scheinbar sinnvollen Gestalten vereint – Tieren etwa oder Gesichtern. Wir sind also geradezu gezwungen, in unserer Umgebung Gestalten zu sehen, ebenso wie wir gezwungen sind, in Tonfolgen eine Tongestalt zu vernehmen. Was ist aber das, was wir als «Gestalt» erleben? Eine sehr allgemein gehaltene Antwort heißt: Ein zusammengehöriges Gefüge von gerichteten Größen. Das gilt sowohl für Gehörtes wie für Gesehenes. Beim Gehörten ist es das Neben- und Nacheinander verschieden hoher und verschieden langer Töne und Geräusche. Beim Gesehenen sind es Punkte und Strecken verschiedener Länge und Richtung, sowie entsprechend begrenzte Flächen unterschiedlicher Helligkeit und Farbe.

In die weiteren Einzelheiten des Gestalt-Verständnisses einzugehen, würde hier zu weit führen. Auf zwei Punkte verweisen wir jedoch: Einmal die nicht selbstverständliche Erscheinung, daß wir dazu neigen – ja gezwungen sind – in dem, das die Augen uns vermitteln, Grenzlinien zu sehen

und sie zum «Herausgliedern» der Gestalten aus ihrem Umfeld zu verwenden.

Eigentümlicherweise meldet uns schon die Netzhaut unseres Auges mehr als nur eine Projektion der Umwelt. Schon sie betont die Grenzlinien! Den Nervenmechanismus, der dies schafft, kennen wir.* Er liegt schon dort, wo die Sehzellen (Zapfen- und Stäbchenzellen) ihre Erregung zur näch-

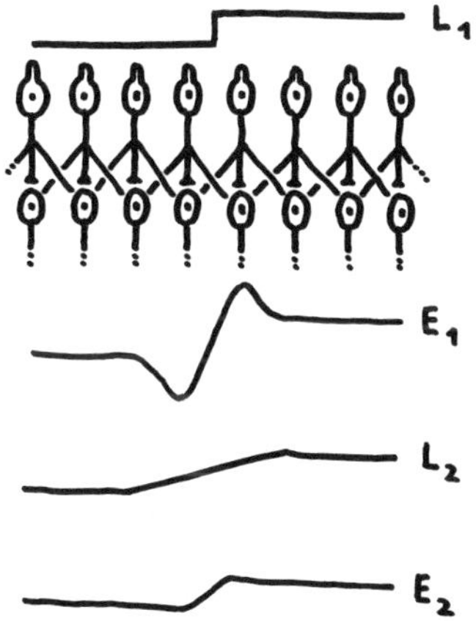

sten Nervenzellenschicht weitermelden. Wird eine Sehzelle erregt, dann meldet sie zunächst diese Erregung der hinter ihr liegenden Nervenzelle – nennen wir sie «ihre» Nervenzelle. Diese wird hierdurch auch erregt (und meldet diese Erregung weiter zu den Nervenzellen, von denen der Sehnerv zum Gehirn ausgeht). Sie meldet die Erregung aber auch den Nachbarzellen «ihrer» Nervenzelle – aber so, daß diese hierdurch gehemmt werden. Das bewirkt, daß eine gleichmäßig stärkere Belichtung der Netzhaut zwar deren Nervenzellen stärker erregt, jedoch weniger stark, als die Sehzellen mehr erregt werden; denn jede Nervenzelle erhält erregende u n d hemmende Einflüsse von den Sehzellen. Las-

* In Wort und Bild hier stark vereinfacht dargestellt!

sen wir nun einen Menschen auf die Grenze zweier verschieden heller Flächen blicken, dann gilt das Gesagte für die «inneren» Teile der Flächen. Dort, wo die beiden Felder aber aneinanderstoßen (Kurve L_{I} Abbildung) macht sich jedoch die unterschiedliche Erregung und Hemmung der Nervenzellen so bemerkbar, daß die Grenze zwischen den beiden Helligkeitsfeldern zusätzlich betont wird: Hier erscheint sie auf der dunkleren Seite noch dunkler, auf der helleren noch heller (Kurve E_{I} Abbildung). Auch dann, wenn die Helligkeits-Unterschiede nicht so jäh aneinandergrenzen, sondern ein gewisser Übergang zwischen ihnen ist (L_{2}), wird der Unterschied durch diesen einfachen Schalt-Mechanismus betont (E_{2}). Das ist, sozusagen, das Rohmaterial, aus dem im Seh-Hirn «Grenz-Linien konstruiert» werden.

Wir haben hier festzustellen, daß das Linien-Zeichnen eine ganz urtümliche Form der bildlichen Darstellung ist. Sie wäre es vermutlich nicht, wenn wir nicht schon vorher in das von uns Gesehene Linien «hineinsähen».

Der andere Punkt betrifft das Tierbild im Besonderen. Bei der Darstellung des Gesehenen in der Zeichnung strebt der Mensch nach Einfachheit und Übersichtlichkeit. Für ihn vorgegeben ist etwas völlig anderes und ungeheuer Verzwicktes. Nicht nur der eiszeitliche Jäger, sondern wir ebenso sehen einen Hirsch ja nicht als eindeutig flächige, einmalige Projektion, sondern von vorn, von hinten, von der Seite, von oben und von unten – und von sämtlichen Zwischenstellungen. Zudem bewegt der Hirsch seine einzelnen Körperteile gegeneinander, so daß wir beispielsweise den Rumpf von der Seite, den Kopf aber von vorn sehen. Der Hirsch ist zudem nicht eine Gliederpuppe, deren einzelne Teile sich als starre Gebilde gegeneinander drehen und verschieben. Seine Oberfläche hat «weiche» Formen, deren Grenzlinien verbogen werden, verschwinden oder neu auftauchen, je nachdem, wie das Tier sich bewegt, und je nachdem, wie seine Körperstellung zur Projektionsfläche der

Netzhaut ist. Was wir in der Natur sehen, ist nicht ein Hirsch, sondern unendlich viele Projektionsbilder des «Dinges Hirsch». «Die Gestalt des Hirsches» wird hieraus gewissermaßen errechnet vom Gestalterkennungs-Apparat unseres Hirnes. Erst dessen fertiges Ergebnis bekommen wir ins Bewußtsein.

Was in unserem Gedächtnis haften bleibt, ist diejenige Gestalt des Hirsches, in der er am unverwechselbarsten gekennzeichnet ist. Da ergibt sich bei deren «Rückprojektion in die Außenwelt» durchs Zeichnen eine überraschende Übereinstimmung zwischen den uralten Höhlenbildern – Altamira oder Lascaux beispielsweise – und dem, was ganz kleine Kinder zunächst zeichnen: Vierfüßer werden «im Profil» gezeichnet. Sitzende Vögel meist auch, ebenso Fische. «Kriechendes Getier» (in Eiszeit-Darstellungen kaum vertreten, wohl aber in der Kunst «primitiver» Völker) hauptsächlich vom Rücken her. «En-face-Bildnisse» gibt es hingegen nur von Lebewesen mit betontem Gesicht: Mensch – Affen – Eulen beispielsweise.

Man kann diese Erscheinung durch die Jahrzehntausende menschlicher Kunstübung verfolgen – bis in unsere Zoologie-Bücher. Überall dort, wo es gilt, mit einfachen Mitteln ein unverwechselbares Abbild eines Tieres zu geben, begnügt man sich mit dieser Ansicht. Demgegenüber sind Bilder, in denen eine verwickeltere Perspektive das Tier in anderen Stellungen zeigt, etwas durchaus Abgeleitetes, geschichtlich betrachtet, auch etwas Spätes.

Kürzel, Skizze und Schema

Alle drei sind weitgehende Abstraktionen; denn schon die sorgfältige reine Umrißzeichnung ist eine solche. Was man im allgemeinen «Skizze» nennt, ist ein Entwurf, dem «eigentlich» eine «fertige» Ausführung folgen soll. So wurden früher zum mindesten Skizzen bewertet. Als selbständige Kunstgattung werden sie erst seit dem 19ten Jahrhundert geschätzt, auch wenn schon früher bei großen Meistern gerühmt wurde, daß schon ihre Entwürfe hohen Rang hatten. Sei es nun eine flüchtige Zeichnung nach der Natur oder eine aus der Vorstellung, die «ehrliche» Skizze erhebt noch keinen Anspruch auf – im wörtlichen Sinne – Treff-lichkeit.

Das Kürzel wiederum ist meist nicht Beginn, sondern Enderzeugnis des Bemühens. Kürzel in unserem Sinne sind z. B. die Zeichnungen der Bildergeschichten Busch's. Ihnen gingen die Skizzen voraus. Das Vollendete war schließlich das an Strichen Sparsamste, vergleichbar den Pinselzeichnungen Ostasiens. Es kann auch sein, daß Skizze und Kürzel Eines sind. Dann aber wiederum als Erzeugnis vorher erworbenen Könnens.

Auch Schemata können wie Kürzel aussehen. Sie haben aber – von ihrer Aufgabe her – anderen Sinn. Sie sind nicht intuitive, sondern rationale Abstraktion und dienen der Belehrung. Andererseits können Schemata aber durchaus verwickelte und in vieler Hinsicht ins Einzelne ausgeführte Darstellungen sein, entsprechend dem zu Erklärenden. Kürzel in dem Sinne, wie wir ihn hier bei den Tierzeichnungen nehmen, sind – wie soeben betont worden ist – intuitiv entstanden. Das soll hier erläutert werden.

Gestalt, Intuition und Kürzel

Intuition sei hier nicht dämonisch-magisch verstanden als etwas aus Urtiefen Aufsteigendes, das nur dem Genius des göttlich Begnadeten eignet. Wir fassen sie nüchterner als das Gegenstück zur rationalen Seite unserer geistigen Leistungen auf.

Ob und inwieweit Ratio und Intuition auf die linke und die rechte Großhirnhälfte verteilt sind, lassen wir dahingestellt und geben nur einige Besonderheiten an, die wir mit diesen beiden Fähigkeiten erleben.

Das rationale Denken, das an die Sprache gebunden ist, rinnt von einer Zweier-Entscheidung (BIT) zur nächsten. Es läuft bewußt ab; und jede Einzel-Entscheidung pflegt auf ihre «Richtigkeit» geprüft zu werden. So ergibt sich ein fadengleicher Pfad des Denkens. Daß es verhältnismäßig langsam abläuft, hat zwei Gründe: 1. brauchen die kontrollierenden Rückfragen über die Richtigkeit der jeweiligen Entscheidungen Zeit, 2. ist es die Sprachgebundenheit; denn Denken ist inneres Sprechen. Das braucht auch Zeit, um geformt und erkannt zu werden. Ein Beispiel verdeutlicht das: Man kann ein besprochenes Tonband mit erhöhter Geschwindigkeit ablaufen lassen. Dann spricht es schneller und höher. Diese Beschleunigung des Redeflusses ist jedoch nicht beliebig zu steigern; denn ab einer gewissen Geschwindigkeit (die für verschiedene Menschen etwas unterschiedlich sein kann) hört man nur noch ein unverständliches Gebabbel oder Gezwitscher. Nicht das Ohr streikt hier, sondern das Sprachverständnis. Sprache und hiermit rationales Denken braucht also Zeit. Wegen der laufenden, bewußten Kontrolle erscheint es uns jedoch als zuverlässig und – nun nicht

als Schlagwort, sondern buchstäblich – gezielt «nachvollziehbar.»

Intuition heißt eigentlich soviel wie unmittelbare Anschauung. Ihre Eigentümlichkeit ist also, daß wir ihre Wege nicht kennen, sondern nur die fertigen Ergebnisse bewußt erleben. In einer mißtrauischen Zeit wie der unseren, in der alles transparent und reproduzierbar sein muß – Grundforderungen aller Naturwissenschaften –, sind uns n u r intuitiv gewonnene Einsichten verdächtig.

Trotzdem ist für alle rationale Leistung nötig, daß der in ihr verarbeitete Stoff zunächst als unverwechselbar erkannt wird. Schon dem kleinen Schüler sagt man, daß man beim Rechnen nicht Äpfel und Birnen addieren könne. Auch wenn man solches in Redeformen der Mengenlehre darbietet, ändert sich an der uns hier beschäftigenden Grundtatsache nichts: Man muß nämlich zunächst Äpfel und Birnen als solche und als voneinander verschieden erkannt haben. Das leistet aber unser Gestaltsehen und die mit ihm eng verwandte Intuition. Rationales Denken ist Wort-Denken; aber bei jedem Satz, den ich spreche oder denke, muß im richtigen Augenblick das richtige Wort in der richtigen grammatikalischen Form erscheinen – in seiner richtigen Gestalt also. Solange wir keine Sprachverwirrung haben, nehmen wir diese Leistung unseres unbewußten und kaum kontrollierbaren Suchmechanismus als etwas Selbstverständliches hin.

Im Grunde ist es jedenfalls kein wertmäßiger, sondern allenfalls ein größenmäßiger Unterschied der Leistung, ob ich schneller als Gedankenschnelle einen Apfel oder ein Menschengesicht oder ein Wort erkenne und es nicht viel langsamer mit vielen ähnlichen unbewußt vergleiche, oder ob ein Meister wie Telemann oder Mozart eine vielstimmige Partitur hinschrieb, «als ob das nichts wäre».

Daß der sprachfähige Mensch schon in frühester Kindheit stündlich ungeheuer viel an Sprachgut einspeichert und ordnet, kommt uns erst dann voll zum Bewußtsein, wenn wir ein unglückliches Kind gleichen Alters erleben, das dort nichts hat, wo eigentlich Sprach-Fähigkeit sein müßte.

Wie es bei Sprachbegabtheit ist, ist es mit Musikalität. Wie es mit dieser ist, ist es aber schon bei der ganz «gewöhnlichen» Befähigung, die Bewegungen unseres Körpers an die Bedingungen unserer Umwelt anzupassen. Gleich ist alle Male, daß eine Begabung für Koordinationen vorhanden sein muß, und daß Übung den Meister macht. Gleich ist auch alle Male, daß solche Übung zunächst wach gezielt wird, dann aber unbewußt wird und so weiter wirkt, bis eine bestimmte Leistung verlangt wird. Wunderbar ist hier nicht nur die Fähigkeit unseres Gedächtnisses, das dies alles «behält», sondern auch die Fähigkeit, daß – siehe Wörter beim Sprechen – so treffsicher und in größter Geschwindigkeit ganz bestimmte Gedächtnisinhalte abgerufen werden können, und zwar nicht nur «wörtlich» die selben, die eingespeichert wurden, sondern auch sowohl sinnverwandte wie lautverwandte. Man geht wohl nicht fehl, wenn man annimmt, daß alle Gedächtnisinhalte gestaltet sind, und daß gerade die somit vielfache innere und nachbarschaftliche Bezüglichkeit dieser Gestalten ihre sinnvolle Nutzung ermöglichen, weil beim «Abruf» nicht ein, sondern gleich viele Einzelteile dieser Gestalt und viele Bezüglichkeiten innerhalb und neben ihr angesprochen werden.

So ist es jedenfalls grundsätzlich kein Unterschied, ob ich «schlafwandlerisch sicher» beim Skifahren einen unübersichtlichen Hang hinunterflitze – schneller, als ich dem Geschehen rational folgen könnte –, oder ob jemand dichtet, komponiert oder zeichnet, «Integrale knackt» oder wirtschaftlich plant. Das Muskelspiel oder die geistige Intuition scheint in allen diesen vergleichbaren Fällen «wie von selber» zu arbeiten, und das «Richtige» erscheint als unhinterfragbare Evidenz.

Vielleicht unterscheiden sich diese unbewußten Abläufe von der bewußten, mit der Sprache eng verknüpften Rationalität grundsätzlich. Daß diese digital arbeitet, paßt gut zu der zwangsläufig in der Zeit fadenförmigen menschlichen Lautsprache. Jene sind vielfach rückbezüglich vernetzt und stimmungsgetragen; dabei «Stimmung» nicht als Laune, sondern als durch das Ganze beeinflußte Ansprechbarkeit der am Spiel mitwirkenden Teilnehmer gemeint. Grober Vergleich: Digital- und Analogrechner.

Das hat weitreichende Folgen: Rationalität neigt zu linearer Kausalität. Wo jedoch vernetzte und rückgekoppelte Gegebenheiten erfaßt werden sollen, wird die Lautsprache unzulänglich, und wir müssen uns mit vielfachen Umschreibungen quälen – oder flüchten zu Bildern. Man beachte nur, wie wenig wirkungsvoll die Beschreibung eines menschlichen Gesichtes ist gegenüber einer stark vereinfachten Zeichnung. Und wie ist es mit der Symbolik höherer Mathematik? Enthält sie nicht Bildhaftes?

Daß Kürzel «Abstraktionen» innerhalb der Bildsprache seien, kann man wörtlich nehmen. (Besonders «rein» sind z. B. 45.6; 48 u. 76.4.) Sie sind rational unreflektiert. Mathematische Ausdrücke könnte man als rational reflektierte bildhafte Abstraktionen ansehen. («Abstrakte» Kunstwerke gehören jedoch nicht hierher; denn ihre «Abstraktion» ist im Gegensatz hierzu willkürlich. Ohne lautsprachliche Erklärung bleiben sie zudem unverständlich.)

Entsprechende Begabung vorausgesetzt, gehört als Vorbedingung zu all dem allerdings eine große und vielfach abgewandelte Erfahrung. «Es ist noch kein Meister vom Himmel gefallen.» Und ebenso ist Voraussetzung, daß die intuitive Erfahrung laufend durch rationale Vorgänge gesichtet und verfeinert wird. Auch das gilt fürs Zeichnen. So könnte man mit einem Wortwitz sagen, daß bei allen solchen Voll-Leistungen unseres Hirns sich die beiden Hirnhälften über den

Balken die Bälle zuwerfen; ein Sinnbild – nur ein Sinnbild? – für das, was wir «Geist» nennen.

Die Kürzel setzen all das voraus, und zwar nicht nur beim Sender, sondern auch beim Empfänger; denn was der Sender – der Zeichner – beim «Kürzeln» als «unwesentlich» wegläßt, das muß der Empfänger – der Beschauer – jeweils wieder hinzufügen, damit er die volle Tiergestalt erkennt. Beide müssen also die gleiche oder eine ähnliche Schule des Schauens und Prüfens durchgemacht haben und zu gleichen oder ähnlichen Schlußfolgerungen gekommen sein. Ohne das läuft das Spielchen nicht.

Kürzel sind somit ein Spezialfall einer «Verdichtung» oder der Dichtung allgemein. Ein ostasiatisches Gedicht möge heißen: «Weide am Fluß – Schnee fällt – Wildgänse südwärts – Ich stehe alleine – dürre Blätter in Händen.» Für den Leser, der dies verstehen soll, ist Voraussetzung, daß er Vergleichbares erlebt hat. Ein Mensch, der in einem Dorf im tropischen Regenwald aufgewachsen ist und bislang nur dort gelebt hat, bleibt da ohne Verständnis. Und ein Mensch, der zusätzlich ähnliche Gedichte und ihre Formeln gelernt hat, wird Zusätzliches in ihm empfinden. Bezeichnenderweise wurden die Gedichte in Ostasien oftmals als kalligraphische Bereicherung in entsprechende, ebenfalls in sparsamen Strichen angedeutete Bilder eingemalt, zur gegenseitigen Steigerung.

Die Formen der Kürzel

Wir wenden uns wieder den hier gezeigten Abbildern zu. Daß sie überwiegend Tiere in «Grundstellung» und im Profil zeigen, ist aus dem Gesagten zu verstehen. Daß sie überwiegend mit dem Kopf nach links stehen, hat einen geradezu gewöhnlichen Anlaß.

Bei den berühmten altsteinzeitlichen Höhlenbildern wird man nur andeutungsweise diese Bevorzugung feststellen. Das Gleiche gilt für die Ritzzeichnungen auf Knochen, Elfenbein oder Stein aus den gleichen Zeiten. Und in späteren Zeiten hat man jede Einseitigkeit nach Kräften vermieden, um bei der Bildkomposition nicht hierdurch gehemmt zu werden.

In der Zoologie hat man sich aber weitgehend darauf geeinigt, Tiere in Links-Ansicht zu bringen, falls man sie von der Seite gesehen darstellt. Das erleichtert den Vergleich. Zudem kommt es dem Schreibtisch-Zeichner entgegen, falls er Rechtser ist; denn beispielsweise das Gesicht läßt sich so leichter zeichnen, wenn seine vorderen, die feinsten Einzelheiten enthaltenden Teile, die gewöhnlich zuerst gezeichnet werden, nicht durch die zeichnende Hand verdeckt werden.

Da hier nun der Zeichner Zoologe ist, ist er dieser Gewohnheit erlegen. Man kann ihn deshalb mit Recht tadeln.

Die Art, wie die Kürzel zustande gekommen sind, ist von Fall zu Fall verschieden; denn das Ausmaß schon, wie weit man «kürzeln» kann, ergibt sich sowohl aus dem Gegenstand wie aus seinem Betrachter. Was wohlbekannt ist oder durch unverwechselbare Eigentümlichkeiten besonders ausgezeichnet, braucht weniger erklärende Striche als das Unbekanntere und nur durch seine Größenverhältnisse Gekennzeichnete. Beispiele für den ersten Fall: Rind – Elefant – Nashorn – Hirsch – Sägefisch; Beispiel für den zweiten: Gepard – Luchs; Karpfen – Barbe. In manchen Beispielen genügt auch schon die grobe Andeutung der Fellzeichnung, um ein im übrigen roh vereinfachtes Kürzel einwandfrei zu kennzeichnen – so beim Tiger, Leopard oder Zebra. Auch der «Laie» versteht Derartiges noch.

So beträfe eine erste Art von Kürzeln solche, die sich auf Angabe solcher groben Merkmale beschränken und im übrigen die Gestalt des Tieres nur flüchtig wiedergeben.

Ihnen verwandt sind die «synthetischen» Kürzel. Wie solche gemeint sind, zeigen die «Variationen über das Thema Vogel». Hier treffen sich Kürzel und Schema: Ein vereinfachter Vogelrumpf erhält die kennzeichnenden «Anhänge» Hals, Kopf, Schnabel, Schwanz und Beine angefügt. Dadurch ergeben sich mehr oder minder eindeutig Reiher, Raubvogel, Papagei, Ibis, Papageitaucher, Eisvogel, Singvogel, Storch, Kronenkranich, Flamingo, Hahn und Ente.

Etwas ähnliches kann man bei «Drahtfiguren» machen. Ob Drahtfiguren wirklich zu den Kürzeln gehören, mag dabei bezweifelt werden. Ganz kleine Kinder erkennen sie nämlich, trotz ihrer außerordentlich «abstrakten» Form, als

Vierfüßer («Wauwau»), ähnlich wie sie auch schon das menschliche Gesicht in äußerster Abstraktion (Kreis mit zwei kleinen Kreisen oder Punkten – Augen – und einem waagrechten Strich – Mund – darin) als solches erkennen. Auch eine schematisierte «Mimik» in diesem Gesicht (Mundwinkel hoch oder tief) erkennen sie. «Gesicht» scheint als gestalteter Auslöser zu wirken, die «Drahtfigur des Vierfüßers» ganz ähnlich als Schlüsselreiz. (Vgl. die Abbildungen S. 9 u. 10 und deren Erläuterungen.) Es ist ja auch auffällig, daß in verschiedenen alten Kulturen Vierfüßer als Drahtfiguren dargestellt werden, z. B. Pferde in der griechischen geometrisierenden Kunst (ca. 1000–700 v. Chr.). Wie man das nun auch auffassen will, so sind die Drahtfiguren von Vierfüßern treffliche Grundschemata, an denen man – ähnlich wie bei den synthetischen Vogelbildern – kennzeichnende Anhängsel anbringen kann:

Auch ohne daß die eigentlich «passenden» Proportionen der einzelnen Tiere ausreichend berücksichtigt werden, kann man – so zu sagen «per exclusionem» – schließen, daß hier Elefant – Kamel – Nashorn – Hirsch – Ren – Gemse – Steinbock – Widder und Säbelantilope gemeint sein müssen.

In der Tat findet man ähnlich vereinfachte Tierdarstellungen in manchen frühen oder vorstädtischen Kulturen.

Eine besondere Art von Kürzeln von weltweiter Bedeutung sind die Schriftzeichen von denen viele ursprünglich Tierbilder waren. Uns können sie hier nur insofern berühren, als die bei ihnen sich durchsetzenden Vereinfachungen allgemeinen Gesetzmäßigkeiten gehorchen. Darüber hinaus ist die «Stilisierung» der zu Schriftzeichen gewordenen Tierzeichnungen manchmal auch durch die Schreib-Technik und deren Stoffe bedingt, so etwa bei der Keilschrift, bei der in den als Schreibgrund verwendeten Ton zwar anfangs Linien gezogen, später aber mit dem Rohrgriffel kurze Linien eingedrückt wurden. Das Beispiel «Vogel» ist, wie die anderen Keilschriftzeichen auch, aus schreibtechnischen Gründen um 90° nach links gedreht:

Zwei weitere Kürzel-Formen des Tierbildes erwähnen wir ebenfalls nur nebenbei, weil sie Themenkreise für sich bedeuten: Einmal werden Tierformen zu Ornamenten vereinfacht. Als Beispiele hierfür zwei minoische Ornamentgruppen (Kreta, ca. 1500 v. Chr.), die aus verschiedenen Tintenfischen (Octopus und Loligo) entwickelt sind. (Links jeweils das realistisch gezeichnete Vorbild.) In der stärkst-vereinfachten Form dienen sie dort nicht nur als Einzelornament, sondern als bandartig aneinandergereihte Schmuckform. Und dann sind Tiere bekanntlich auch Wappen-Tiere geworden und als solche haben sie oft seltsame «heraldische» Verwandlungen durchgemacht. Wappenadler und Wappenlöwen sind hierfür allbekannte Beispiele, die zuweilen die Vereinfachung der Schriftzeichen und Ornamente mitmachen, andererseits aber durch prunkvoll sein sollende Zutaten in ihrer Wirkung gesteigert werden. So haben Löwen

manchmal kaum mehr einen Leib, dafür aber übertrieben große, die Wehrhaftigkeit betonende Tatzen. Die Mähne ist flammend gelockt, der Schwanz teilweise verdoppelt, die Zähne und die Zunge verstärken gleichermaßen den ornamentalen wie den grimmigen Charakter des Wappentiers. Beim Wappenadler geht es entsprechend zu. Man betrachte sich hierzu die Münzen des Deutschen Reiches oder der Österreichisch-Ungarischen Doppelmonarchie (hier mit zweiköpfigem Adler) aus den Jahren um 1900!

Um was es uns hier aber hauptsächlich geht, sind nicht diese soeben vorgeführten Tierbild-Vereinfachungen, sondern diejenigen Kürzel, die sich enger an die Tierbeobachtung anschließen, und bei denen versucht wird, nicht nur Tiere durch ihre Zutaten darzustellen, sondern womöglich ihre lebendige Gestalt so wiederzugeben, daß sie – trotz Vereinfachung – glaubhaft und eben noch lebendig bleibt. Wie geschieht nun dies?

Die Antwort ist aus schon genanntem Grund nicht einfach; denn hier sind die Kürzel vor allem Früchte der Intuition und damit weitgehend der rationalen Aufgliederung entzogen. Hochtrabend ausgedrückt, sind sie die integrierten Ergebnisse vielfach erlebter Beobachtung. Schlichter benannt, geben sie diejenigen Linien wieder, die übrig bleiben, wenn das fürs Erkennen Entbehrliche entfernt ist. Aber was ist «entbehrlich»? Hierzu ein kleines Experiment:

1

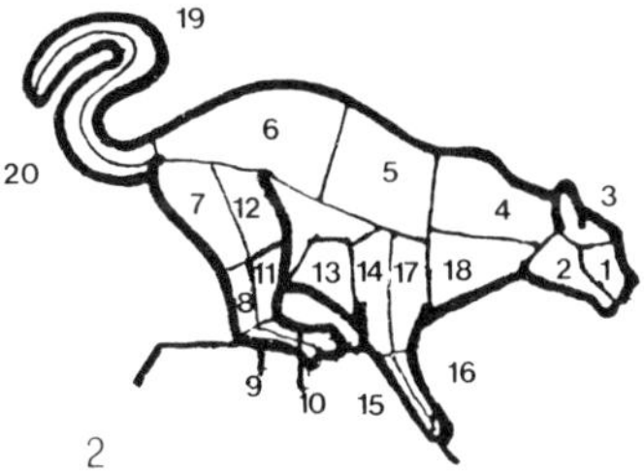

2

3

4

5

6

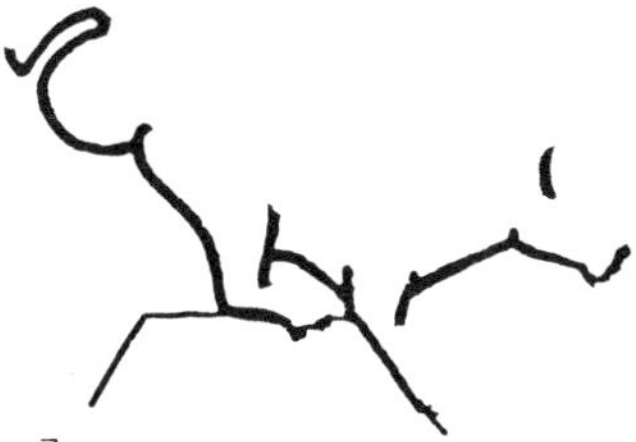

7

8

Die Umrißzeichnung eines abspringenden Schneeleoparden ist von einer Fotografie durchgepaust (Grzimek's Tierleben, Bd. 12; S. 139) (1). An dieser naturnahen und durchaus nicht künstlerisch gemeinten Umrißzeichnung wurde nun erprobt, was man weglassen kann, ohne den Darstellungs-Gehalt merklich zu gefährden.

Hierzu wurde die Umrißzeichnung in 20 Stücke eingeteilt. (2) Sie wurden so gewählt, daß sie ungefähr gleichwertig sind. Da am Kopf kleinere Formen als an der Lendengegend vorkommen, wurden die Kopflinien darum kleiner unterteilt als die der Lende. Die einzelnen Teil-Linien wurden numeriert. Sodann wurden 20 Kieselsteine ebenso numeriert und mit ihnen so gewürfelt, daß sie schließlich in eine gerade Rinne rollten. Die 10 linken Kiesel wurden herausgegriffen und die Linienstücke mit den entsprechenden Zahlen gelöscht. Es wurde also ungefähr die Hälfte der Umrißlinien getilgt. Was – rein zufallsmäßig – hierbei herauskommt, ist an vier Beispielen gezeigt (3–6).

Als Gegenbeispiele zu diesen Zufalls-Erzeugnissen dienen die ebenfalls zu ungefähr 50% gelöschten Zeichnungen 7 und 8. Bei 7 wurden die nach oben begrenzenden Linien gelöscht, bei 8 die nach unten begrenzenden. Was fast senkrecht war, wurde unberührt gelassen. Der Vergleich von 7 und 8 zeigt noch deutlicher als die verschiedenen Zufallsfiguren, daß für das Erkennen des «abspringenden Schneeleoparden» die oberen Begrenzungslinien weit bedeutsamer sind als die unteren.

Eine Erklärung hierfür kann man geben: Einmal heben sich im allgemeinen die Oberkanten von Tieren für den Beobachter stärker von der Umgebung ab als die vielfach für ihn verborgen bleibenden unteren Begrenzungen, die in Gras und Buschwerk verschwinden mögen. Und dann liegen bei den Wirbeltieren die formbeständigsten Teile des Körpers an dessen Rückenseite. Entsprechendes gilt für Arme und Beine, obwohl hier Gelenke bald mehr auf der Strecker- und bald mehr auf der Beuger-Seite hervortreten. Ob gekrümmt oder gerade, bleibt der Rücken ziemlich gleich-lang. Die weiche Bauchseite wird weit unkenntlicher verformt.

Dies Ergebnis ist – wohlgemerkt! – nicht der Anlaß für die Kürzel gewesen, sondern erst im Nachhinein zu deren Verständnis gewürfelt und geweißt worden. Es macht jedoch nicht nur die in weitgehend isolierten Strichen hingeworfenen Kürzel glaubhaft, sondern auch die Drahtfiguren; denn auch diese richten sich letztlich nach den Hartbestandteilen des Tierkörpers. Nun wäre es aber nicht nur schal, sondern führte zu allzu vereinfachenden und unzutreffenden Schlüssen, wollte man die Kürzel, so wie sie dastehen, lediglich auf das Betonen der «Hartbestandteile» des Tierkörpers zurückführen. Was an ihm «wesentlich» ist, läßt sich zwar lehrbuchhaft begründen, was an dem schnellen Eindruck, den die Kürzel wiedergeben, wesentlich ist, sagt aber die Erfahrung, die intuitiv Form annimmt. Und hierüber schweigt man eben doch besser.

Bemerkenswert ist hier aber doch noch eine Erscheinung, die fast als Äußerlichkeit bezeichnet werden könnte: Wer zeichnet, der zielt. Der Strich, der von der Hand gezogen wird, läuft einer Erwartung nach. Wer gut schießt, kann es sich leisten, mit der Kugel auch ein flinkes Wild zu schießen. Der Durchschnittsjäger wird in manchen solchen Fällen lieber mit Schrot laden. Der streut, aber ein Korn oder auch einige Körner treffen doch richtig. Ähnlich ist es mit Zeichnungen: Es gibt solche, in denen sich der Zeichner mit vielen Strichen – oder doch mehreren – an das ihm Vorschwebende annähert. Es gibt aber auch Zeichnungen, die aufs Erste die annähernd beste Linie erreichen. Kürzel sind nach Möglichkeit solche Zeichnungen, falls da nicht mühsam vorgezeichnet und nach Erreichen des Gewünschten das Unerwünschte gelöscht wird. Die hier gebrachten Tierzeichnungen sind solche unradierten. Allerdings soll man auch da ehrlich blei-

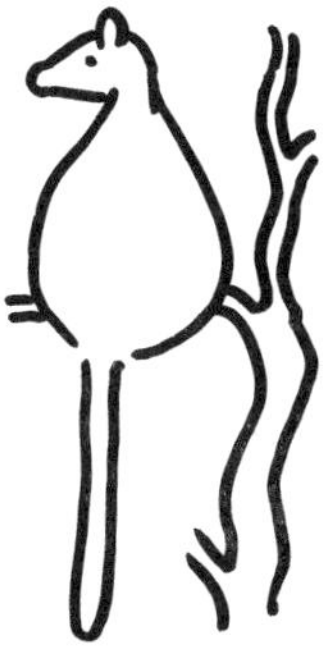

ben: Nicht jedes Tier wurde beim erstenmal so treffend umrissen, wie die Erwartung es anzielte! Dann kam die betreffende Zeichnung eben in den Papierkorb. Der Satz darf allerdings nicht so umgekehrt werden, als ob alle Kürzel erst nach soundsovielen Anläufen geglückt wären. Daß ihnen ältere zeichnerische Erfahrung half, versteht sich nach dem schon Gesagten.

Auch die «gekonnten» Kürzel sind also stets Kompromisse zwischen dem, was dem Zeichner vorschwebt, und der Handbewegung, die dieser Erwartung nachläuft. Ausgesprochene Eidetiker mögen nun vielleicht als Zeichner auf dem weißen Papier das fertige Bild sehen, dessen vorgestellten Linien der Stift nur nachzufahren braucht. Der Zeichner der hier gezeigten Kürzel ist aber kein Eidetiker. Bei ihm

schwebt eine etwas verschwommene Vorstellung vor, und der Stift folgt ihr. Indem er ihr folgt, macht er Fehler, die laufend berichtigt werden. Zum Schluß steht dann das Bild da – nur eine Annäherung an die ursprüngliche Vorstellung, nun aber nicht mehr verschwommen, sondern scharf umrissen.

Eng hängt hiermit zusammen die nach dem Gesagten fast schon überflüssig gewordene Frage: Was leistet den wohlgezielten Strich? Die geübte Hand oder der geschulte Blick? Auch hierfür ein kleines Experiment:

Der Zeichner ist Rechts-Zeichner. Er hat also eine geübte rechte Hand und eine ungeübte linke Hand. Er kann nun «aus dem Kopf» beispielsweise einen Hund zeichnen, 1. sehend und mit der rechten Hand, 2. sehend und mit der linken Hand und 3. mit geschlossenen Augen mit der rechten Hand. Der Erfolg ist für den Unvoreingenommenen verblüffend: Daß das Kürzel mit der rechten gelingt, wundert einen nicht. Daß es mit der linken Hand etwas zitterig ausfällt, wundert einen auch nicht; verwunderlich ist schon eher, daß es immer noch annehmbar ausfällt. Daß aber die geübte, rechte Hand so hilflos wird, wenn die Überwachung durch die Augen fehlt, überrascht.

Allerdings würde ein in vergleichender Verhaltensforschung Bewanderter dies Ergebnis doch erwarten; denn es ist für Menschen (und Affen) bezeichnend, daß sie durch die Augen ihre Bewegungen – und vor allem die der greifenden Hände – überwachen und regeln. Die hierdurch bewirkte Fähigkeit, sich im Raum in fein abgemessener Weise zu bewegen und zurechtzufinden, ist ja schließlich auch die Voraussetzung für alle menschliche Kultur. Und daß wir uns sogar die Zeit räumlich vergegenwärtigen, gehört auch hierher.

Zeichnungen, besonders als Kürzel, gehören deshalb zum Menschlichsten, das der Mensch leisten kann – neben Sprache, Musik und Mathematik.

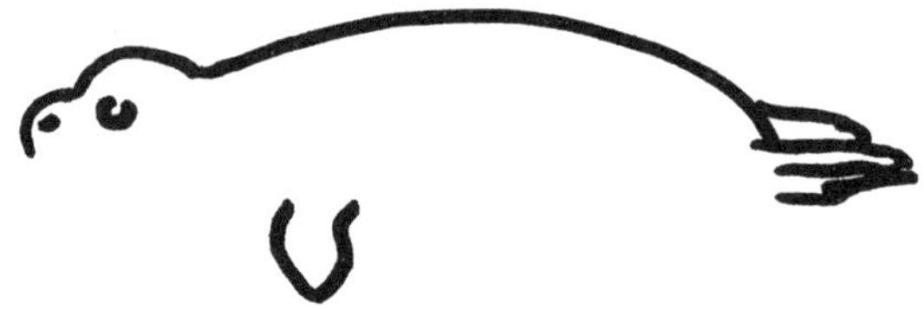

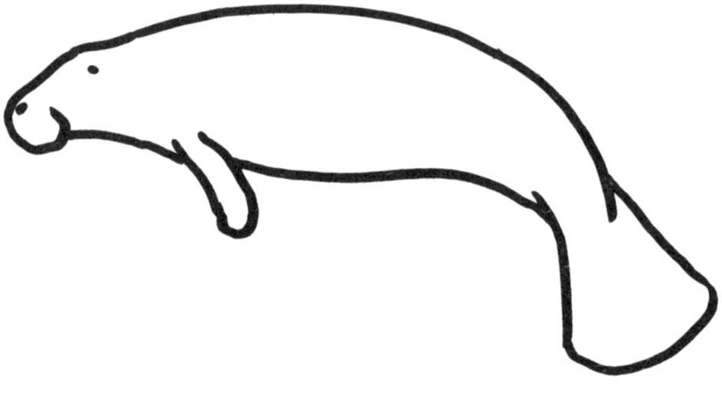

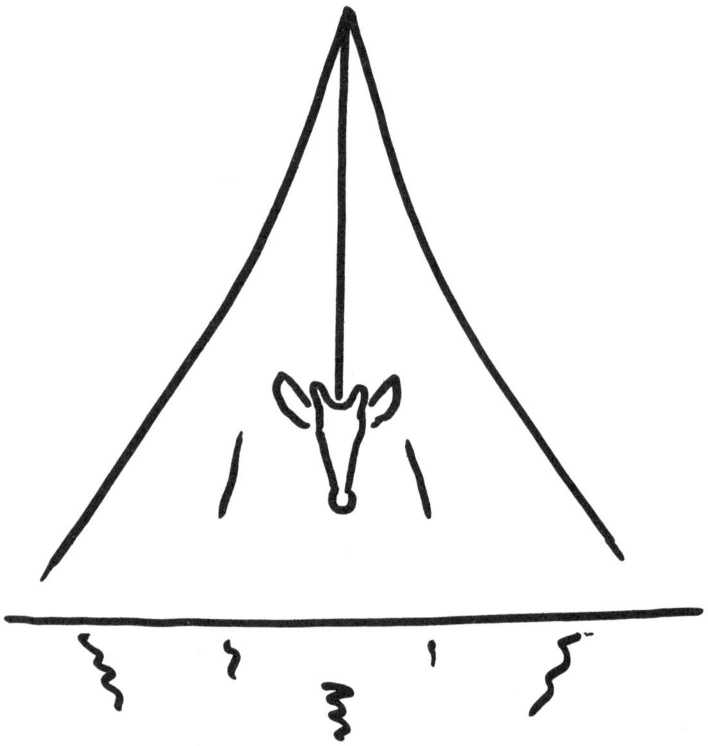

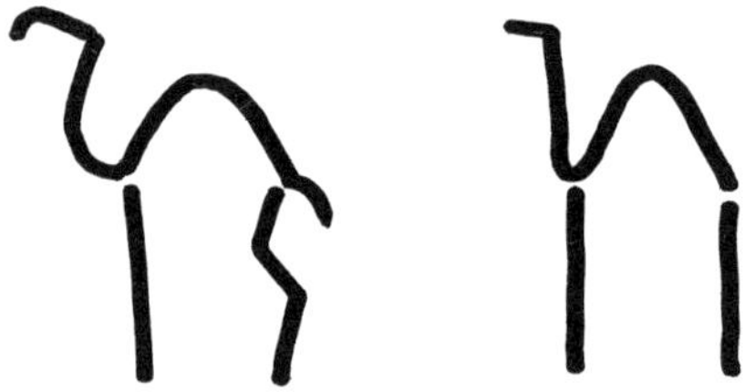

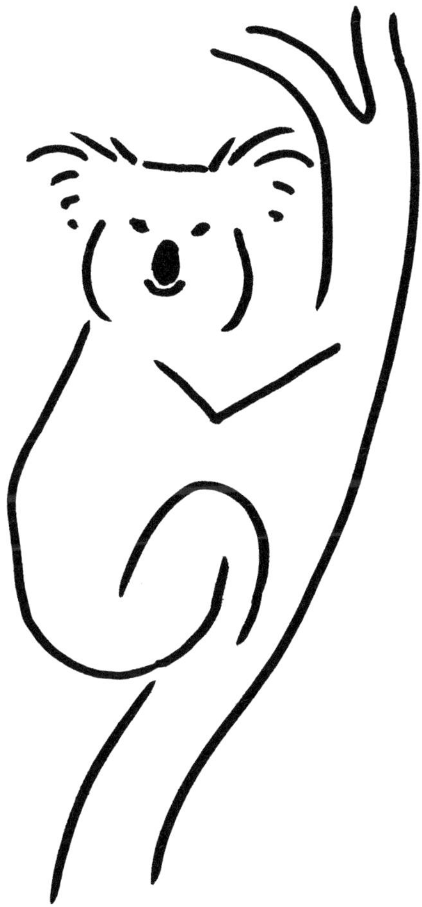

Zu den Ausführungen

Es wurde schon gesagt, daß die verschiedenen Kürzel-Zeichnungen unterschiedlich ausgeführt sind. Auch der Grund dafür wurde angegeben: Bekannteres kann man stärker vereinfachen als Unbekanntes. Tiere mit außergewöhnlichen Besonderheiten – Geweih, Nashorn, langer Hals – Streifung – kann man ebenfalls ganz vereinfacht, ja sogar entstellt wiedergeben; trotzdem wird das noch erkannt. Solche besonderen Merkmale brauchen dann nicht einmal in der richtigen Anzahl eingetragen zu werden; trotzdem ist das Tier ausreichend kenntlich (vgl. S. 15.1 u. 2; 19.4).

So kommt es, daß manche der Blätter einen «Stilbruch» in den verschiedenen Darstellungen aufweisen. Dies Bändchen ist jedoch kein Kunstbuch, sondern einfach eine kleine Sammlung von Kürzeln, die aus der Freude heraus entstanden sind zu erproben, wie weit man hier ohne Schaden fürs Wiedererkennen gehen kann, sogar dann, wenn manchmal Proportionen derb verzerrt werden. (Vgl. 15.3; 26.4; 34.2; 72.1 u. 2.) Zwischendurch war es auch einfach die Freude am hingesetzten Strich. Auf Einzelheiten wird bei einigen der Zeichnungen noch hingewiesen.

Hier folgt nun eine Liste der Namen der dargestellten Tiere, geordnet nach Buchseiten. Die einzelnen Zeichnungen sind von oben nach unten numeriert; im Zweifelsfall gilt das Ober-Ende der Zeichnung für den Ort auf dem betreffenden Blatt. Also z. B. 56.3 Fenek, 56.4 Stachelschwein. Sofern deutsche Namen üblich sind, werden sie zuerst angegeben; das Gleiche gilt für gebräuchliche fremdländische Namen, z. B. Okapi. Danach werden die lateinischen Namen gebracht, meist nur die Gattungsnamen (ohne «sp.»), da es sich ja nicht um ein Bestimmungsbuch handelt.

Verzeichnis der auf den einzelnen Seiten dargestellten Tiere

1.1 Fregattvogel (Fregata)
1.2 Albatros (Diomedea)
1.3 Tölpel (Sula)
1.4 Seeschildkröte (Caretta)
1.5 Schwertfisch (Xiphias)
2.1 Gepard (Acinonyx)
2.2 Löwe (Panthera leo)
2.3 Hausrind (Bos primigenius)
2.4 Zebu (Bos primigenius)
2.5 Wasserbüffel (Bubalus)
2.6 Elefantenspitzmaus (Elephantulus)
3.1 Steinbock (Capra ibex)
3.2 Gemse (Rupicapra)
3.3 Murmeltier (Marmota)
3.4 Rebhuhn (Perdix)
3.5 Feldhase (Lepus)
4.1 Walroß (Odobenus)
4.2 Seehund (Phoca)
4.3 Narwal (Monodon)
4.4 Glattwal (Balaena)
4.5 Pottwal (Physeter)
5.1 Krake (Octopus)
5.2 Kalmar (Loligo)
5.3 Nacktschnecke (Arion)
5.4 «Käfer schlechthin» (Coleopter)
5.5 Ameise (Formicoide)
6.1 Stichling (Gasterosteus)
6.2 Feuersalamander (Salamandra)
6.3 Schildkröte (Testudinide) Die Darstellungsart ist stark orna-

mental (vgl. 6.5; 8.5; 12.2; 12.3; 13.4; 17.1; 19.3; 25.4!) In dieser Grundeinstellung ähnlich sind beispielsweise auch die Tier-Kleinplastiken der Aschanti, die man «Goldgewichte» nennt. Ebenso die diesen nahestehenden Kleinschmuckstükke. Dabei ergeben sich manchmal absichtliche Abweichungen von der Naturnähe, die man nicht mit «Fehlern» verwechseln darf.

6.4 Krallenfrosch (Xenopus)
6.5 Schlangenstern (Ophiuride)
7.1 Uhu (Bubo)
7.2 Koboldmaki (Tarsius)
7.3 Meerschweinchen, jung (Cavia)
7.4 Hecht (Esox)
8.1 Trampeltier (Camelus)
8.2 Trampeltier, stärker vereinfacht
8.3 Landschildkröte (Testudinide)
8.4 Skorpion (Scorpio) Gliederung vergröbert oder unterdrückt. Dies ist bei Skorpionsdarstellungen in allen Kulturkreisen häufig.
9.1 Vereinfachtes Bild eines Säugetiers.
9.2 – 9.11 Zunehmend vereinfachte «Drahtfiguren» des Säugetieres. 9.2–9.7 werden von kleinen Kindern noch einwandfrei als «Wauwau» (oder das ihnen sonstwie geläufigste Säugetier) erkannt; 9.8 u. 9.9 sind fraglich, werden manchmal als «Stuhl» bezeichnet; 9.10 u. 9.11 nur noch gelegentlich als Säugetier gedeutet, meist als «Tisch» oder auch gar nicht. Fehlt der waagrechte Fortsatz links (der «Hals»), fehlt der Bezug zum «Tier» überhaupt. Das Gleiche gilt für 9.12 u. 9.13. (Es würde in diesen Fällen ein «Amphicephalus», wie in 9.14 zugrunde liegen; und den gibt es ja nicht.)
10.1 «Auslöser Gesicht» neutral
10.2 Erregt allenfalls Grauen
10.3 freundlich
10.4 böse
10.5 «Kopffüßler», oft erstes Menschenbild nach dem Kritzelalter. Kann Übergang zum Drahtmännchen sein.
10.6 u. 10.7 «Drahtmännchen», entspricht etwa 9.2; 9.4; u. 9.6.
10.8 Panzerwels (Corydoras)
10.9 Panzerwels (Corydoras), vereinfacht
11.1 Krallenäffchen (Hapale)
11.2 Totenkopfäffchen (Saimiri)
11.3 Pampashase, Mara (Dolichotis)
12.1 Fliegender Hund (Pteropus)
12.2 Brillenschlange (Naja) (vgl. 6.3)
12.3 Klapperschlange (Crotalus)
12.4 Klapperschlange (Crotalus) 12.3 sieht zwar hübscher und

eingängiger aus, 12.4 zeigt jedoch, wie diese Schlangen sich in Wirklichkeit meist lagern.

13.1 Meise (Parus)
13.2 Heuschrecke (Caelifere)
13.3 Igel (Erinaceus)
13.4 Laubfrosch (Hyla)
13.5 Kamm-Molch (Triturus)
14.1 Heiliger Ibis (Threskiornis)
14.2 Giraffengazelle, Gerenuk (Litocranius)
14.3 Kaffernbüffel (Syncerus)
14.4 Frettchen (Putorius)
15.1 Weißhai (Carcharodon)
15.2 Riesenhai (Cetorhinus) vgl. 42.2 Man beachte, daß man trotz der nur drei (statt richtig fünf) Kiemenspalten sofort die Haie erkennt!
15.3 Delphin (Delphinus)
15.4 Latimeria (unverwechselbare Flossen!)
15.5 Blennius
15.6 Tiefsee-Angler (Linophryne)
16.1 Thun (Thynnus)
16.2 Kofferfisch (Ostraciontide)
16.3 Mondfisch (Mola)
16.4 Stechrochen (Trygon)
16.5 Teufelsrochen (Manta)
16.6 Flußbarsch (Perca)
17.1 Seepferchen (Hippocampus)
17.2 Hammerhai (Sphyrna)
17.3 Sägefisch (Pristis), stark vereinfacht
17.4 Sägefisch (Pristis), wenig vereinfacht
18.1 Süßwasser-Blasenschnecke (Physa)
18.2 Seeohr (Haliotis)
18.3 Posthornschnecke (Planorbarius)
18.4 Schlammschnecke (Lymnaea)
18.5 Zitterrochen (Torpedo)
18.6 Knurrhahn (Trigla)
19.1 Kronenkranich (Balearica)
19.2 Eichhörnchen (Sciurus)
19.3 Eichhörnchen (Sciurus), «Drahttier»
19.4 Stör (Acipenser)
20.1 Orang Utan (Pongo), vgl. 63.1
20.2 Pferd (Equus caballus)
20.3 Hausesel (Asinus)
20.4 Hausziege (Capra)
20.5 Hausschaf (Ovis)
20.6 Spitz (Canis)
22.1 Tiger (Panthera tigris), vgl. 61.2

22.2 Tiger (Panthera tigris), vereinfachter
22.3 Knochenhecht (Lepisosteus) Die schrägen Schmelzschuppenreihen sind zur näheren Kennzeichnung angedeutet.
22.4 Moschusochse (Ovibos)
22.5 Erdhörnchen (Eutamias)
22.6 Arnee (Bubalus)
22.7 Zebu (Bos)
23.1 Kolibri (Trochilus)
23.2 Adler (Aquila)
23.3 Baumkänguruh (Dendrolagus)
23.4 Erpel (Anas)
24.1 Schwan (Cygnus), «ungeschönt»
24.2 Schwan (Cygnus), ornamental
24.3 Eisvogel (Alcedo)
24.4 Haubentaucher (Podiceps)
25.1 Kolkrabe (Corvus)
25.2 Kuckuck (Cucculus)
25.3 Kiwi (Apteryx)
25.4 Draco phantasticus
26.1 Waldmaus (Apodemus)
26.2 Feldmaus (Microtus)
26.3 Spitzmaus (Crocidura)
26.4 Wildschwein (Sus)
26.5 Hängebauchschwein (Sus)
27.1 Girlitz (Serinus)
27.2 Kleiber (Sitta)
27.3 Rotschwanz (Phoenicurus)
27.4 Rotkehlchen (Erithacus)
27.5 Amsel (Turdus)
27.6 Feldlerche (Alauda)
28.1 Goldfasan (Chrysolophus)
28.2 Jagdfasan (Phasianus)
28.3 Haushahn (Gallus)
29.1 Pfau (Pavo)
29.2 Truthahn (Meleagris)
29.3 Batteriehuhn (Gallina torta)
29.4 Perlhuhn (Numida)
29.5 Haushuhn (Gallus)
29.6 Laufente (Anas)
30.1 Pudel (Canis)
30.2 Bullterrier (Canis)
30.3 Bluthund (Canis)
31.1 Boxer (Canis)
31.2 Vornewiehintenhund (Canis)
31.3 Dackel (Canis)
31.4 Papillon (Canis)

31.5 Rehpintscher (Canis)
31.6 Bulldogge (noch-Canis)
32.1 Schäferhund (Canis)
32.2 Spaniel (Canis)
32.3 Barsoi (Canis)
32.4 Mops (Canis)
32.5 Schnauzer (Canis)
32.6 Kleinspitz (Canis)
33.1 Taube (Columba)
33.2 Waldschnepfe (Scolopax)
33.3 Kiebitz (Vanellus)
33.4 Stelzenläufer (Himantopus)
34.1 Braunbär, jung (Ursus)
34.2 Elch (Alces)
35.1 Specht (Dendrocopos)
35.2 Wiedehopf (Upupa)
35.3 Bachstelze (Motacilla)
35.4 Zaunkönig (Troglodytes)
35.5 Kernbeißer (Coccothraustes)
36.1 Schleiereule (Tyto)
36.2 Gimpel, Dompfaff (Pyrrhula)
36.3 Fischotter (Lutra)
36.4 Kaulquappe (Rana)
37.1 Rothirsch, 26-Ender(!) (Cervus)
37.2 Dachs (Meles)
38.1 Ricke mit Kitz (Capreolus)
39.1 Ren (Rangifer)
39.2 Järv, Vielfraß (Gulo)
40.1 Robbe (Pagophilus)
40.2 Eisbär (Thalassarctos)
41.1 Pinguin (Aptenodytes)
41.2 See-Elefant (Mirounga)
41.3 See-Leopard (Hydrurga)
42.1 Blauhai (Prionace)
42.2 Riesenhai (Cetorhinus)
42.3 Stör (Acipenser). Bei diesen Fischen ist der Kopfteil in der Zeichnung gegenüber der Natur vergrößert.
43.1 Tölpel (Sula)
43.2 Seebär an Land (Arctocephalus)
43.3 Seebär, schwimmend (Artocephalus)
43.4 Seehund, schwimmend (Phoca)
44.1 Klippschliefer (Procavia)
44.2 Seekuh (Trichechus)
45.1 Flamingo (Phoenicopterus)
45.2 Reiher (Ardea)
45.3 Flamingo (Phoenicopterus)

61.1 Riesengleiter (Cynocephalus)
61.2 Tiger (Panthera) vgl. 22.1
61.3 Hulman (Semnopithecus, Presbytis)
62.1 Nasenaffe (Nasalis)
62.2 Hirschferkel (Tragulus)
63.1 Orang Utan (Pongo) vgl. 20.1 u. 76.1
63.2 Gibbon (Hylobates)
63.3 Katta (Lemur)
63.4 Schimpanse (Pan)
64.1 Opossum (Didelphis)
64.2 Taschenspringmaus (Dipodomys)
65.1 Nasenbär (Nasua)
65.2 Waschbär (Procyon)
65.3 Ichneumon (Herpestes)
66.1 Schneeziege (Oreamnos)
66.2 Bison (Bison)
66.3 Bison, stark vereinfacht
67.1 Brüllaffe (Alouatta)
67.2 Wasserschwein (Hydrochoerus)
68.1 Greifstachler (Coendou)
68.2 Tukan (Ramphastus)
68.3 Chinchilla (Chinchilla)
69.1 Guanako (Lama)
69.2 Alpaka (Lama)
69.3 Lama (Lama)
70.1 Schlankaffe (Ateles)
70.2 Ai (Bradypus)
70.3 Tapir (Tapirus)
71.1 Schuppentier (Manis)
71.2 Großer Ameisenbär (Myrmecophaga)
71.3 Gürteltier (Tolypeutes)
72.1 Känguruh (Macropus)
72.2 Känguruh (Macropus) Beim Känguruhsprung schlägt der massige Schwanz gegenläufig zu den Hinterbeinen, so daß das Drehmoment um die Querachse ausgeglichen wird. Bei kleineren Säugern, die auf den Hinterbeinen springen, z. B. Känguruhratten und Springmäusen, hat der Schwanz die gleiche Aufgabe, nun aber weniger durch Masse als durch Luftwiderstand (Schwanzquaste bei Springmäusen!).
72.3 Schnabeligel (Tachyglossus)
72.4 Doppelatmer (Neoceratodus)
73.1 Koala (Phascolarctos)
74.1 Ara (Ara)
74.2 Kakadu (Kakatoe)
74.3 Wellensittich (Melopsittacus)
75.1 Eulenpapagei (Strigops)

75.2 Tuatara (Sphenodon)
76.1 Orang Utan (Pongo)
76.2 Mensch (Homo)
76.3 Schimpanse (Pan)
76.4 Gorilla (Gorilla)

Alphabetisches Register

Bau und Leben der Rhinogradentia

In der Regel werden Sie aus unserem Haus nur Publikationen kennen, die sich mit tierischem Ernst der Wissenschaft widmen. Doch auch diese Regel ist bei uns nicht ganz ohne Ausnahme, denn „Bau und Leben der Rhinogradentia“ von Prof. Dr. Harald Stümpke alias Prof. Dr. Gerolf Steiner (1981. VI, 85 Seiten, 15 Tafeln, 12 Abbildungen, kartoniert DM 18,–) erweckt mit viel Phantasie eine bisher gänzlich unbekannte Spezies zum Leben. Über 25.000 Freunde hat dieses Büchlein bisher seit seinem Erscheinen gefunden, und immer wieder wurde der Wunsch laut, die originellen Abbilungen der einzelnen Gattungen im Posterformat zu veröffentlichen.
Die erst 3 Motive liegen nun vor und können gegen eine Schutzgebühr von DM 5,– pro Stück beim Verlag bestellt werden. Ob als Wandschmuck, zum Sammeln (weitere Poster aus dem Band sind vorgesehen) oder zum Verschenken an Freunde und Kollegen, leisten Sie sich diesen „tierischen“ Spaß.

Tafel IV

Tafel XII

Tafel X

Gustav Fischer Verlag · Stuttgart · New York